思考力算数練習帳シリーズ

シリーズ２３

場合の数１　書き上げて解く—順列—

本書の目的

全ての「場合」を、抜けず、重複せず書き出すというのは、高い注意力と作業性を必要とします。本書は、算数のみならず全ての学習に必要なこの注意力と作業性を高める事を第一の目的としてしています。従って、場合の数を式で求める方法は、本書では触れていません。本書の練習を続けていくうちに、「こうすれば計算で解ける！」という方法を子供自身が見つける事ができれば、それが一番の理解です。

本書の特長

１、やさしい問題から難しい問題へと、細かいステップを踏んでありますので、できるだけ一人で読んで理解できるように作られています。

２、全ての「場合」を、抜けず、重複せず書き出すというのは、高い注意力と作業性を必要とします。本書を解く事によって、自然に高い注意力と作業性が身に付きます。

３、ルール通り順に書き出すという作業によって、ルールのみに従って解く事を学ぶ、つまり論理力を高める効果があります。

算数思考力練習帳シリーズについて

ある問題について、同じ種類・同じレベルの類題をくりかえし練習することによって、確かな定着が得られます。

本シリーズでは、中学入試につながる論理的思考や作業性について、同種類・同レベルの問題をくりかえし練習することができるように作成しました。

もくじ

順列（じゅんれつ）

★下図のように１～３の数字が書かれた３枚のカードがあります。

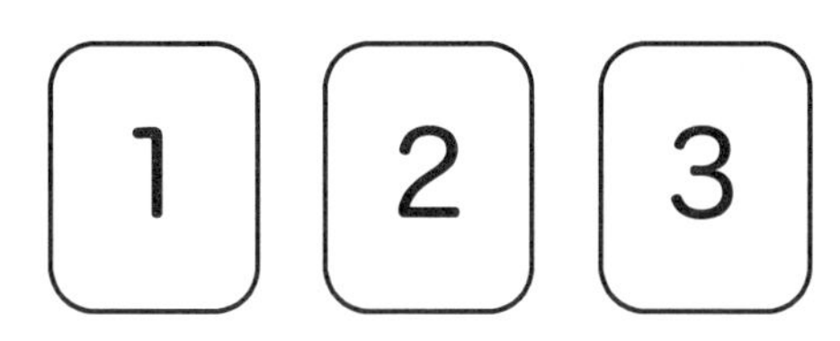

これをならべかえて、ちがう数のならびをいくつか作ってみましょう。
例えば、

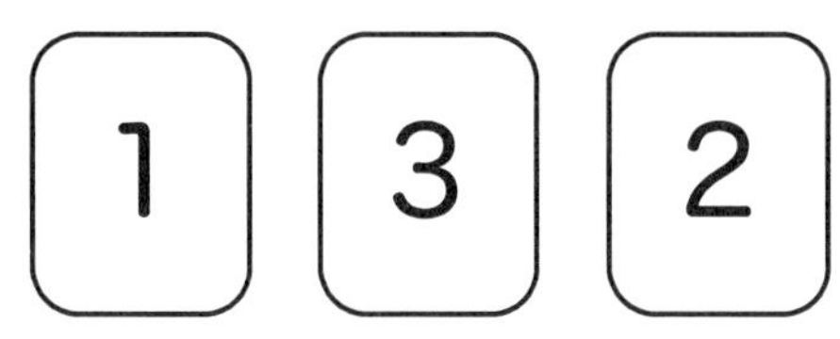

がそうですね。
他にもあります。自分で探（さが）してみましょう。

などなどです。
全部でいくつ見つかりますか。全部書き出してみましょう。

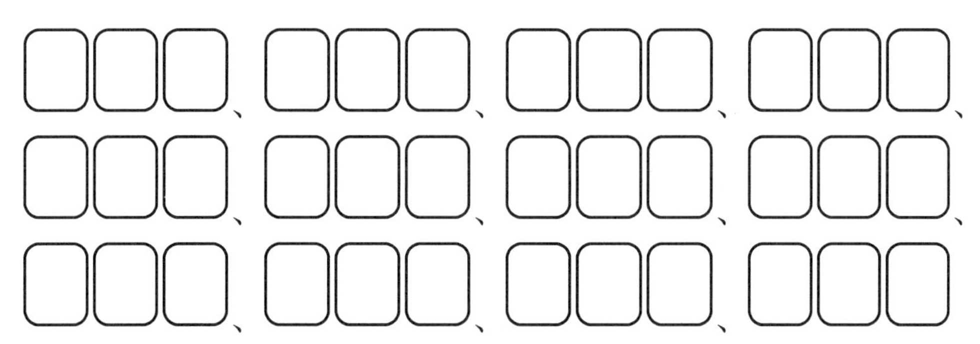

解答

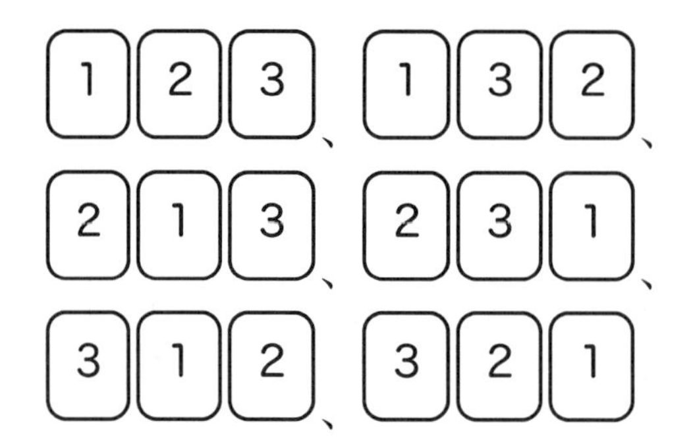

全部で６通りです。全部書けましたか。

抜（ぬ）けているものはありませんか。また、同じものを２回書いていませんか。

全種類（しゅるい）を書き出すとき、**「抜けがないか」「同じものを２回書いていないか」**が非常（ひじょう）に重要（じゅうよう）になります。

◇「抜けない」「２回書かない」ための工夫を考えてみましょう。

「抜けない」「２回書かない」ためには、**規則（きそく）正しく整理（せいり）して書く**ことが重要になります。

規則正しく整理して書いてみましょう。

ならべかえるときの規則：１、右から左へ
２、小さな数から大きな数へ

最初

1 2 3

のように、**小さい数から大きな数へ**、の順にかきます。

次に、一番右のカードを他のカードに代えます。カードを代えるのは**右から順**

にというルールで代えてゆきます。この場合、一番右は［3］です。［3］を他のカードと代えます。他のカードは［1］と［2］がありますが、［2］のカードの方が［1］のカードより右にあるので、［2］の方を使います。［3］のカードを［2］のカードに代えるということです。すると、

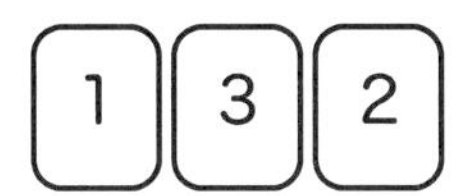

というならびができます。

右２枚が代わったので、一番左のカードを別のカードに代えます。今一番左のカードは［1］です。カードは**小さい数から大きな数へ**代えますので、一番左のカードを［2］にします。その後のカードは**小さい数から大きな数へ**ならべます。すると

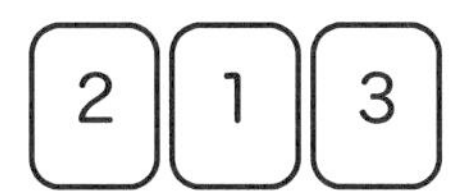

というカードのならびになりますね。

最初と同じように右のカードから代えようとすると、一番右の［3］をとなりの［1］と代えればよいことがわかります。

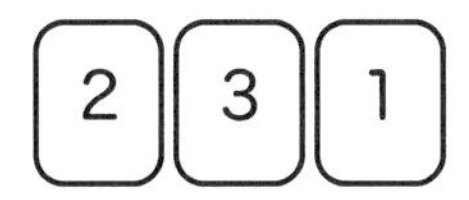

となりますね。

右２枚のカードの位置が代わったので、また一番左のカードを代えなければなりません。［2］の次は［3］です。［3］のカードの右２枚は、**小さい数から大きな数へ**ならべますので

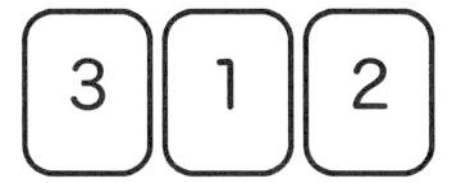

となります。

そしてまた右のカードから代えると

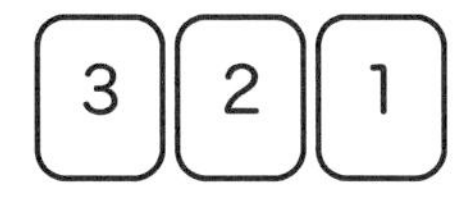

ができあがります。

またまた次は一番左のカードを代えなければなりませんが、一番左は［3］で、これ以上大きな数字はありません。ですから、これで全ての通りが書けたことになります。

次に整理して書いておきましょう。

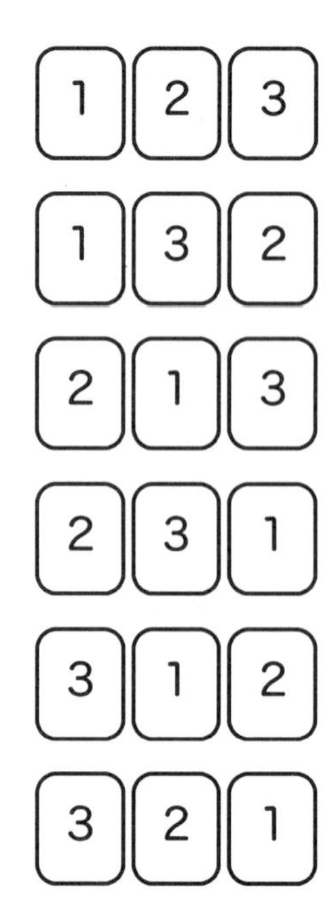

必ず、この順で書くようにしましょう。順に整理して書かないと、抜けが生じたり、同じものを２度書いたりしてしまいます。

また、下のような書き方もできます。

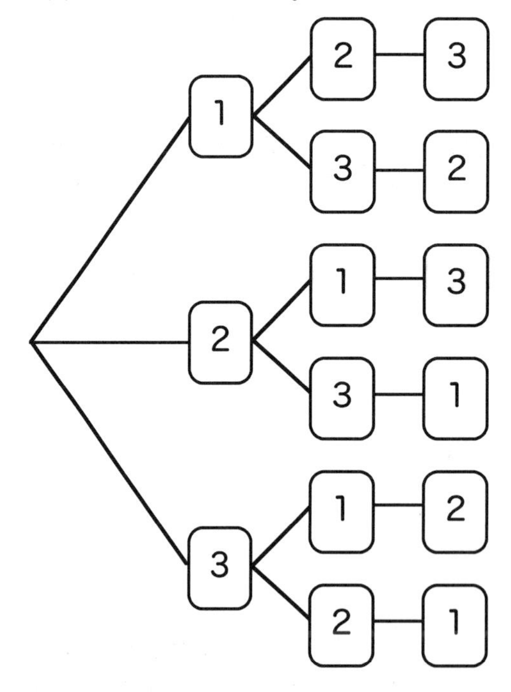

（この方がわかりやすいかな）

★下図のように２～４の数字が書かれた３枚のカードがあります。

これをならべかえて、ちがう数のならびを全て書き出しましょう。

下に、途中（とちゅう）まで書いてみました。続きを書きましょう。
ただし、抜けが生じたり、同じものを２回書いたりしないように、**規則正しく整理して書きましょう。**

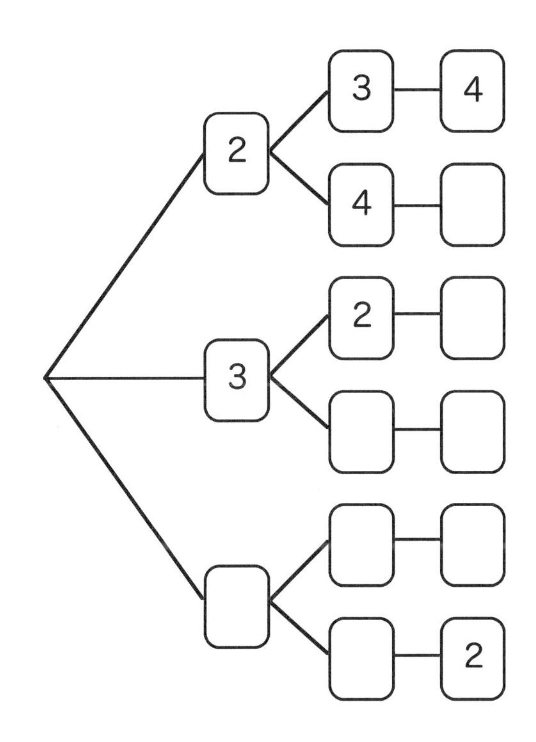

うまく書けましたか。
(解答は次のページ)

７ページの解答

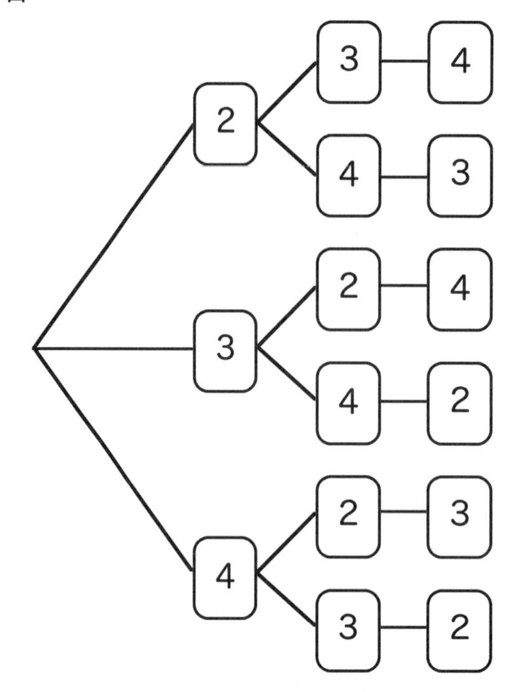

規則正しく整理して書くことが重要なので、上記の答と**全く同じ**になるように書いてあれば正解とします。一つでも順番がちがっていれば、まちがいです。

上記の図を樹形図（じゅけいず）（ツリー　tree）と言います。木の枝のように先分かれして広がっていくような図だからです。

「…ならべかえてできる３桁（けた）の数を全て書き出しなさい」という問題の場合、上記「樹形図（ツリー）」ではなく

２３４、２４３、３２４，３４２、４２３、４３２

のように、全て書いて答えなくてはなりません。

問題１、［７］［８］［９］の３枚のカードをならべかえて、ちがう数のならびを作り、樹形図で全て書き出しましょう。

問題２、［A］［B］［C］の３枚のカードをならべかえて、ちがう文字のならびを作り、樹形図で全て書き出しましょう。（ＡＢＣ順に、規則正しく書きなさい）

問題３、［１］［２］［３］［４］の４枚のカードをならべかえて、ちがう数のならびを作り、樹形図で全て書き出しましょう。

問題４、［A］［B］［C］［D］の４枚のカードをならべかえて、ちがう数のならびを作り、樹形図で全て書き出しましょう。（ＡＢＣ順に、規則正しく書きなさい）

問題５、［あ］［い］［う］［え］の４枚のカードをならべかえて、ちがう文字のならびを作り、樹形図で全て書き出しましょう。（五十音順に、規則正しく書きなさい）

★下図のように１～４の数字が書かれた４枚のカードがあります。

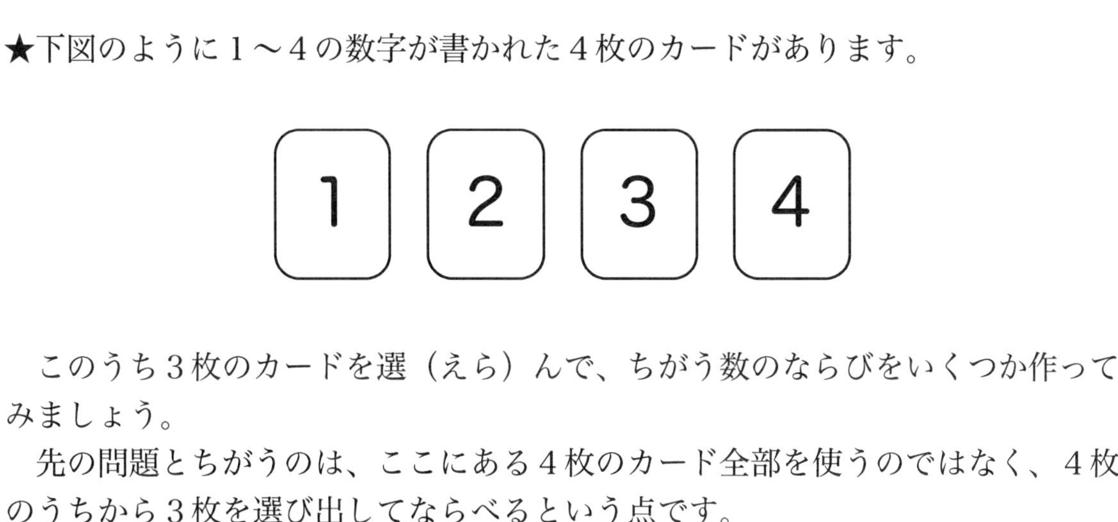

このうち３枚のカードを選（えら）んで、ちがう数のならびをいくつか作ってみましょう。

先の問題とちがうのは、ここにある４枚のカード全部を使うのではなく、４枚のうちから３枚を選び出してならべるという点です。

前のように、規則正しくならべかえてみましょう。

一番右のカードから順にかえて行きましょう。

一番左が［１］、真ん中が［２］と決めたとき、残るカードは［３］と［４］とです。先に、一番右に［３］は使いましたので、［３］をまだ使っていない［４］にかえます。

これで、一番左が［１］、真ん中が［２］と決めたときのカードのならびは全て書き上げましたので、次は真ん中のカードをかえます。真ん中のカードは［２］ですので、［２］より一つ大きい［３］にかえましょう。一番左のカードはそのままです。これで左が［１］、真ん中が［３］となります。

一番右は、残りのカード［２］［４］の小さい方から入れます。「小さい数から順に」というルールも、忘れないように。

一番右のカードをかえます。まだ使っていない［4］が残っていますので、［2］を［4］にかえます。

これで左［1］真ん中［3］の時のカードのならびは全て書き上げました。右のカードはもうかえるものがありませんので、真ん中のカードをかえます。
［3］の次は［4］のカードになります。

一番右には、残りの［2］［3］のうち、小さい方から入れます。

一番右の［2］を、もう一枚の［3］にかえます。

1 4 3　　使わない 2

これで左［1］真ん中［4］の時のカードのならびは全て書き上げました。右のカードはもうかえるものがありませんので、真ん中のカードをかえようと思いましたが、真ん中も［2］［3］［4］のカード全部使ってしまいました。
ですから、次は一番左のカードをかえなくてはいけません。左のカードを［1］から［2］にかえましょう。

次に真ん中のカードを決めます。小さい数字からというのがルールなので、残りのカードから［1］を選びます。

右のカードには残りの［3］［4］の小さい方から順にいれましょう。

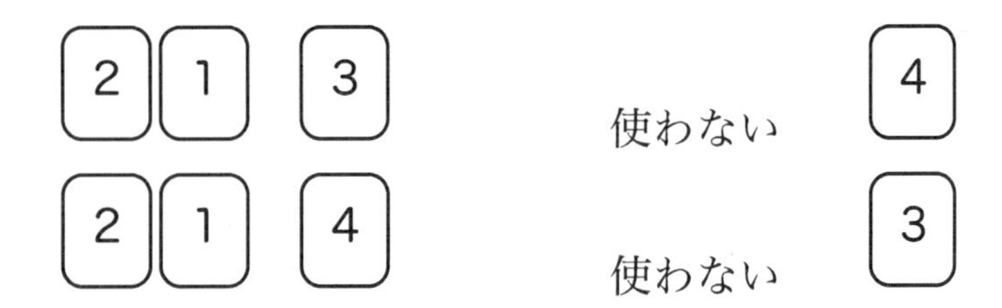

右のカードが全て終わったので、次は真ん中を［1］から［3］にかえます。

2 3　　残り 1 4

右のカードに、残り［1］［4］を順にあてます。

2 3 1　　使わない 4

2 3 4　　使わない 1

この方法で順にならべていくと、「数え忘れがない」「同じものを２回数えない」のです。以下全て書き出してみましょう。

全部書き出すと左図のようになります。樹形図で書くと右図になります。

1 2 3
1 2 4
1 3 2
1 3 4
1 4 2
1 4 3

2 1 3
2 1 4
2 3 1
2 3 4
2 4 1
2 4 3

3 1 2
3 1 4
3 2 1
3 2 4
3 4 1
3 4 2

4 1 2
4 1 3
4 2 1
4 2 3
4 3 1
4 3 2

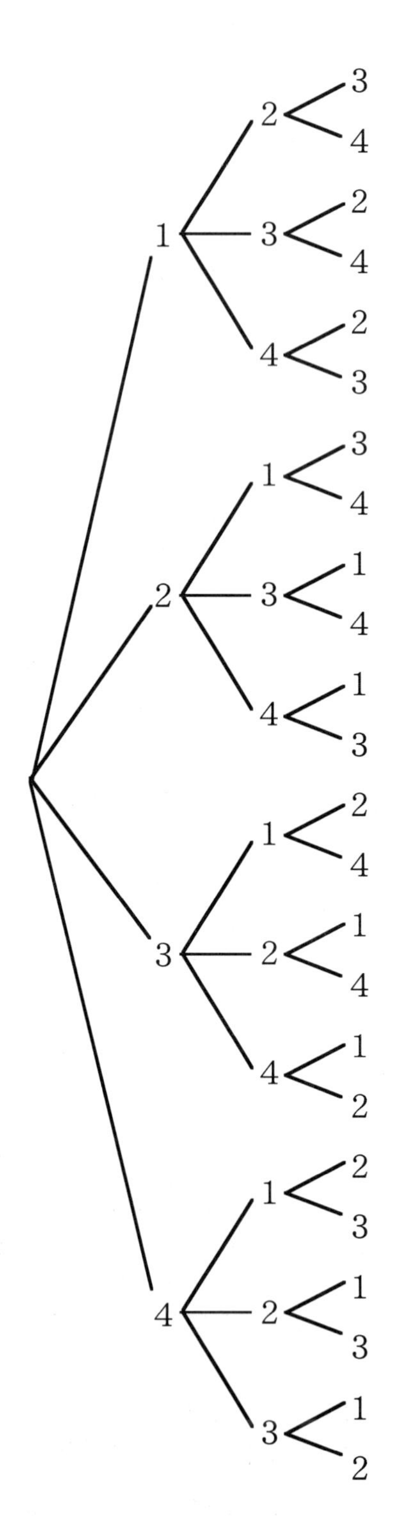

問題６、［１］［２］［３］の３枚のカードから２枚を選び、ならべかえてちがう数のならびを作り、全て書き出しましょう。また樹形図でも書いてみましょう。

問題７、［A］［B］［C］の３枚のカードから２枚を選び、ならべかえてちがう文字のならびを作り、全て書き出しましょう。また樹形図でも書いてみましょう。（ＡＢＣ順に、規則正しく書きなさい）

問題８、［１］［２］［３］［４］［５］の５枚のカードから２枚を選び、ならべかえてちがう数のならびを作り、全て書き出しましょう。また樹形図でも書いてみましょう。

問題９、［A］［B］［C］［D］の４枚のカードから３枚を選び、ならべかえてちがう文字のならびを作り、全て樹形図で書き出しましょう。（ＡＢＣ順に、規則正しく書きなさい）

問題１０、［あ］［い］［う］［え］の４枚のカードから３枚を選び、ならべかえてちがう文字のならびを作り、全て樹形図で書き出しましょう。（五十音順に、規則正しく書きなさい）

★下図のように１～４の数字が書かれた４枚のカードがあります。

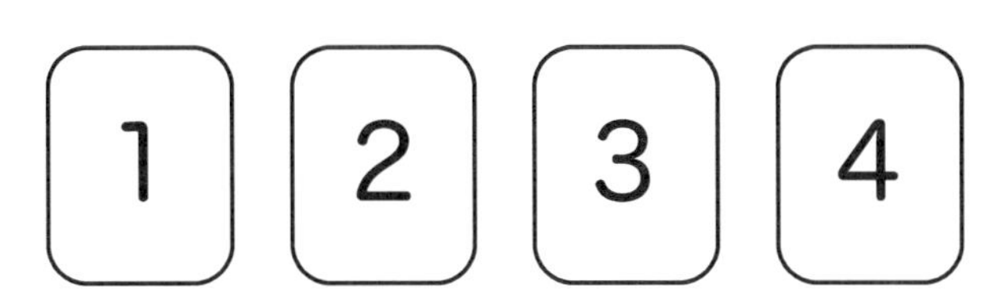

この４枚のカードをならべかえて、４桁の偶数（ぐうすう）を作りましょう。
「偶数」とは「２で割り切れる数」また「２の倍数」のことです。「偶数＝２で割り切れる数※＝２の倍数」かどうかは、一の位が「偶数＝２で割り切れる数＝２の倍数」かで判断できます。

例、「２１３４」
　一の位は４→４は偶数→「２１３４」は偶数

例、「４２１３」
　一の位は３→３は偶数でない→「４２１３」は偶数でない

［1］［2］［3］［4］の４枚のカードをならべかえてできる偶数を、全て書き出しましょう。

これまでの問題と同様に、順に規則正しく書き出すことが重要です。順に書き出すと

最初は 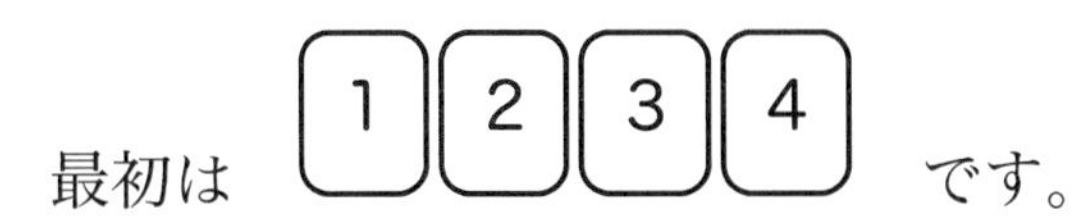 です。

次は [1][2][4][3] ですが、これは偶数ではありませんね。偶数を書かないように、うまく順に書き出しましょう。

最初は次のように、全て書き出してから、偶数でないものをはぶく、という方法が、まちがえなくて良いでしょう。

（※「割り切れる」は、整数範囲内で割り切れるという意味です。以下同じ）

全部書き出すと

偶数だけ
ぬきだすと

全部書き出すと		偶数だけぬきだすと	
1 2 3 4	○	1 2 3 4	○
1 2 4 3	×	1 3 2 4	○
1 3 2 4	○	1 3 4 2	○
1 3 4 2	○	1 4 3 2	○
1 4 2 3	×	2 1 3 4	○
1 4 3 2	○	2 3 1 4	○
2 1 3 4	○	3 1 2 4	○
2 1 4 3	×	3 1 4 2	○
2 3 1 4	○	3 2 1 4	○
2 3 4 1	×	3 4 1 2	○
2 4 1 3	×	4 1 3 2	○
2 4 3 1	×	4 3 1 2	○
3 1 2 4	○		
3 1 4 2	○		
3 2 1 4	○		
3 2 4 1	×		
3 4 1 2	○		
3 4 2 1	×		
4 1 2 3	×		
4 1 3 2	○		
4 2 1 3	×		
4 2 3 1	×		
4 3 1 2	○		
4 3 2 1	×		

あるいは、樹形図で考えるのも一つの方法です。

樹形図で、制限のある一の位からあてはめて図を書きます。前の樹形図とは逆に、左の方から順にカードをかえてゆきます。

千の位　百の位　十の位　一の位

一の位が「１」なので
他の位がどんな数字でも
この４桁の数は偶数に
はならないので、考えな
くてよい。

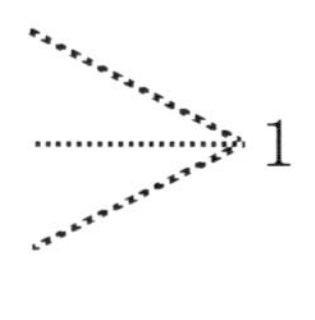

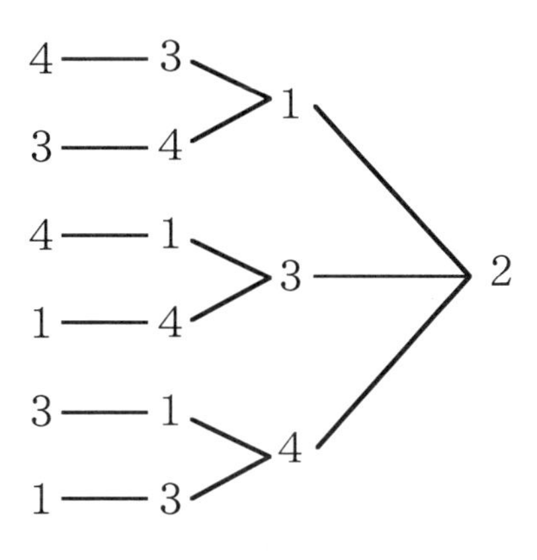

一の位が「３」なので
他の位がどんな数字でも
この４桁の数は偶数に
はならないので、考えな
くてよい。

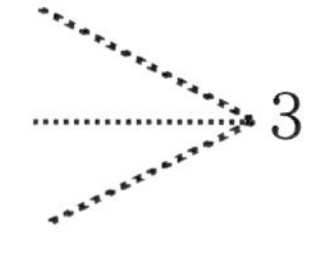

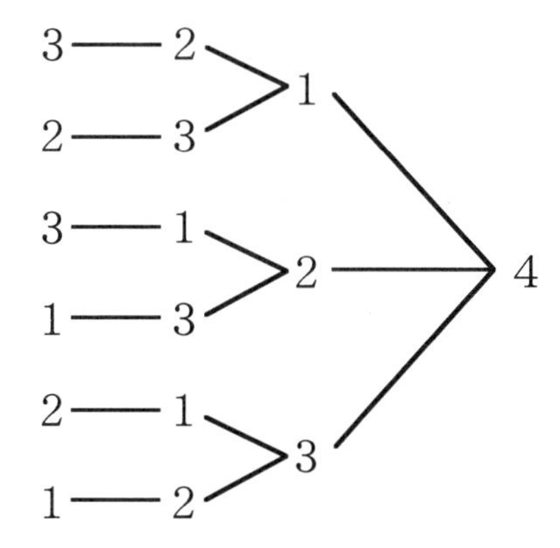

答

４３１２
３４１２
４１３２
１４３２
３１４２
１３４２

３２１４
２３１４
３１２４
１３２４
２１３４
１２３４

★下図のように１～５の数字が書かれた５枚のカードがあります。

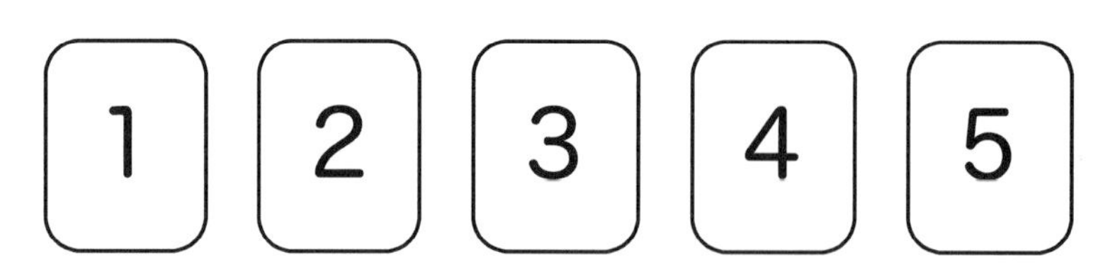

このうち３枚のカードを選び、ならべかえて、３桁の５の倍数（＝５で割り切れる数）をつくりましょう。

一の位が「５」か「０」の時、その数は「５の倍数」＝「５で割り切れる数」となります。

例、「３６７５」　一の位が「５」なので５の倍数です。

３６７５÷５＝７３５…０　割り切れます

例、「９１４２０」　一の位が「０」なので５の倍数です。

９１４２０÷５＝１８２８４…０　割り切れます

例、「６７５１」　一の位が「１」なので５の倍数ではありません。

６７５１÷５＝１３５０…１　割り切れません

一の位が決定すると「５の倍数」かどうかが決まりますので、さきの偶数の問題の時と同じように、樹形図で一の位から決定して図を書くと、速く解く事ができます。

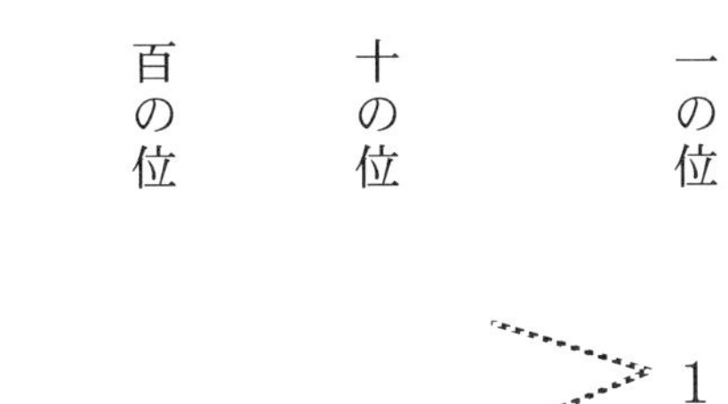

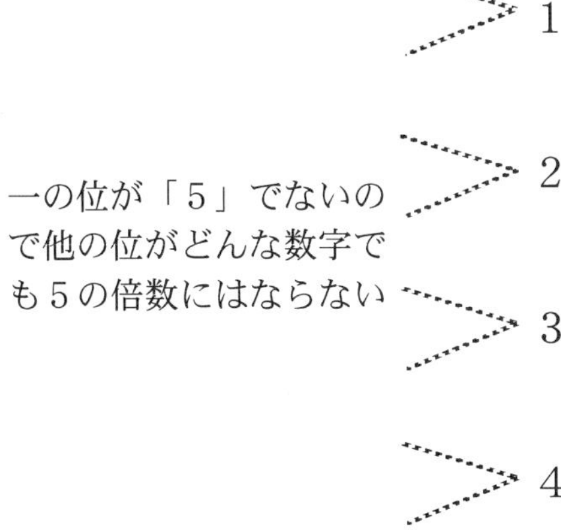

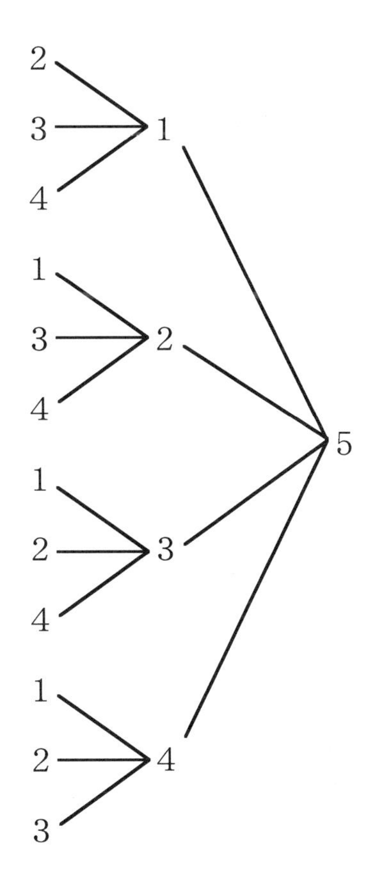

答
２１５
３１５
４１５
１２５
３２５
４２５
１３５
２３５
４３５
１４５
２４５
３４５

★下図のように１～４の数字が書かれた４枚のカードがあります。

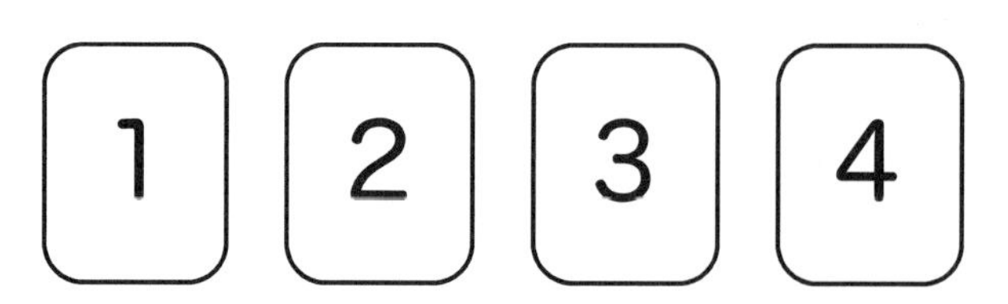

このうち２枚のカードを選び、ならべかえて、２桁の３の倍数（＝３で割り切れる数）をつくりましょう。

３の倍数（＝３で割り切れる数）かどうかは、各桁の数字の合計が３の倍数（＝３で割り切れる数）であるかどうかで判断できます。

例、「２７」は３の倍数かどうか。

「２７」の各桁の数「２」と「７」を足します。

$2 + 7 = 9$

この合計「９」は３で割り切れるので、元の数の「２７」は３の倍数です。

例、「２５６４１」は３の倍数かどうか。

「２５６４１」の各桁の数「２」「５」「６」「４」「１」を足します。

$2 + 5 + 6 + 4 + 1 = 18$

この合計「１８」は３で割り切れるので、元の数の「２５６４１」は３の倍数です。（本当に「２５６４１」が３で割り切れるかどうか、自分で計算をして、確かめておきましょう。）

例、「３１４６」は３の倍数かどうか。

「３１４６」の各桁の数「３」「１」「４」「６」を足します。

３＋１＋４＋６＝１４

この合計「１４」は３で割り切れないので、元の数の「３１４６」は３の倍数ではありません。

ちなみに「１４÷３＝４…２」となります。この「あまり２」が、元の数「３１４６」を「３」で割った時のあまりと同じになります。

「３１４６÷３＝１０４８…２」

元に戻りましょう。［１］［２］［３］［４］の４枚のカードから２枚を選んでならべ、３の倍数をつくります。

［１］［２］の２枚を選んだ場合、「１＋２＝３」、「３」は３の倍数ですので、［１］［２］をならべかえて作った数は３の倍数になると言えます。

「１２」「２１」　３の倍数

では他の２枚で３の倍数を作れる組み合わせはあるでしょうか。

［１］［３］の２枚を選んだ場合、「１＋３＝４」で「４」は３の倍数ではありませんので、［１］［３］をならべかえて作れる「１３」「３１」はどちらも３の倍数ではありません。

こうして考えてみると、まず３の倍数を作れる２枚の組み合わせを考えてから、それをならべかえると作業の効率が良いことがわかります。

では、３の倍数を作れる２枚の組み合わせを考えてみましょう。

２枚のカードの組み合わせで、３の倍数になるものを考える。

［1］［2］　1＋2＝3　3は3の倍数　○
［1］［3］　1＋3＝4　4は3の倍数ではない　×
［1］［4］　1＋4＝5　5は3の倍数ではない　×
［2］［3］　2＋3＝5　5は3の倍数ではない　×
［2］［4］　2＋4＝6　6は3の倍数　○
［3］［4］　3＋4＝7　7は3の倍数ではない　×

したがって、２枚のカードで３の倍数を作れる組み合わせは、

｛［1］［2］｝　と　｛［2］［4］｝

の２種類の組しかないことがわかりました。

あとはこの｛［1］［2］｝と｛［2］［4］｝をそれぞれならべかえて、二桁の整数を作ればよいことになります。

答は

「１２」「２１」「２４」「４２」

の４通りになります。

★下図のように１～４の数字が書かれた４枚のカードがあります。

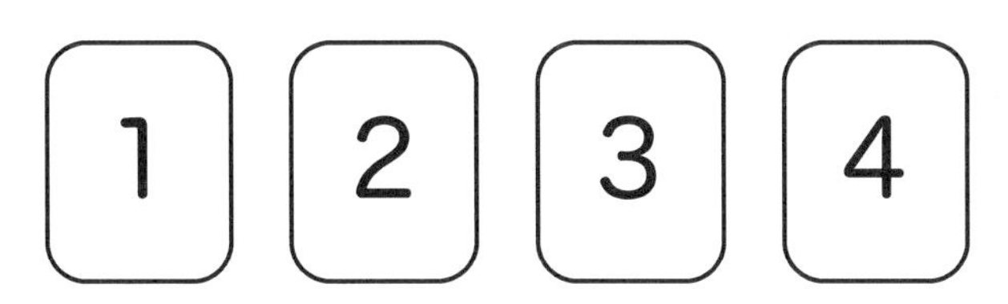

　このうち３枚のカードを選び、ならべかえて、３桁の３の倍数（＝３で割り切れる数）をつくりましょう。

　前の問題と同じように、まず、３の倍数を作れる３枚のカードを選びます。

［１］［２］［３］　「１＋２＋３＝６」　６は３の倍数　○
［１］［２］［４］　「１＋２＋４＝７」　７は３の倍数ではない　×
［１］［３］［４］　「１＋３＋４＝８」　８は３の倍数ではない　×
［２］［３］［４］　「２＋３＋４＝９」　９は３の倍数　○

（｛［２］［１］［３］｝は、足し算にすると｛［１］［２］［３］｝と同じなので、考える必要はない。他の数字のならびも同様。）

　したがって、｛［１］［２］［３］｝あるいは｛［２］［３］［４］｝の３枚をならべかえて、３桁の整数を作ればよろしい。

　答：

１２３	２３４
１３２	２４３
２１３	３２４
２３１	３４２
３１２	４２３
３２１	４３２

★下図のように１～５の数字が書かれた５枚のカードがあります。

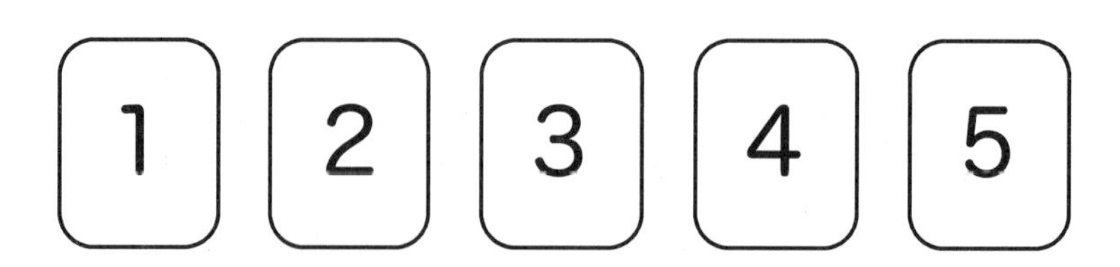

このうち３枚のカードを選び、ならべかえて、３桁の９の倍数（＝９で割り切れる数）をつくりましょう。

９の倍数は３の倍数と同様、各桁の数字を全部足して９で割り切れれば９の倍数です。

例、「４６７３７」
４＋６＋７＋３＋７＝２７　２７は９で割り切れる→９の倍数

例、「５３６０」
５＋３＋６＋０＝１４　１４は９で割り切れない→９の倍数ではない。

したがって、３の倍数の時と同じように、まず９の倍数になる３枚のカードの組を見つけます。

｛［２］［３］［４］｝と｛［１］［３］［５］｝の２組しかありません。

｛［２］［３］［４］｝あるいは｛［１］［３］［５］｝の３枚をならべかえて、３桁の整数を作ればよいということになります。

答：

２３４	１３５
２４３	１５３
３２４	３１５
３４２	３５１
４２３	５１３
４３２	５３１

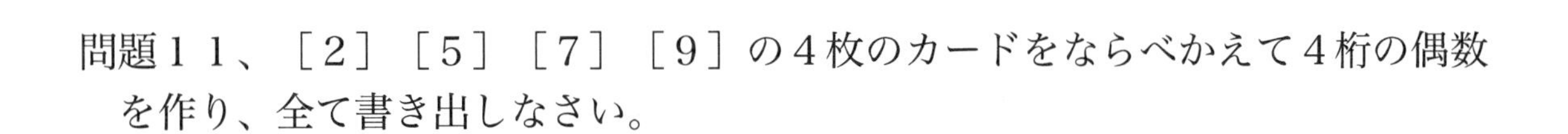

問題１１、［2］［5］［7］［9］の４枚のカードをならべかえて４桁の偶数を作り、全て書き出しなさい。

問題１２、［4］［5］［6］［7］の４枚のカードのうち３枚を選び、それらをならべかえて３桁の偶数を作り、全て書き出しなさい。

問題１３、［０］［２］［５］［８］の４枚のカードのうち３枚を選び、それらをならべかえて３桁の５の倍数を作り、全て書き出しなさい。

問題１４、［２］［３］［４］［５］［６］の５枚のカードのうち３枚を選び、それらをならべかえて３桁の３の倍数を作り、全て書き出しなさい。

問題１５、［0］［1］［4］［5］［8］［9］の６枚のカードのうち３枚を選び、それらをならべかえて３桁の９の倍数を作り、全て書き出しなさい。

テ　ス　ト

テスト１、［イ］［ロ］［ハ］の３枚のカードをならべかえて、ちがう文字のならびをつくり、**樹形図で**全て書き出しなさい。**「イーローハ」の順**で、順序良く整理して書くこと。（１５点）

テスト２、［A］［B］［C］［D］の４枚のカードから２枚を選んで、ならべかえてちがう文字のならびをつくり、**樹形図で**全て書き出しなさい。**「A−B−C−D」の順で**、順序良く整理して書くこと。（１５点）

テスト３、［2］［3］［4］の３枚のカードをならべかえて３桁の偶数をつくり、**全て**書き出しなさい。（１５点）

テスト４、［5］［6］［7］［8］の４枚のカードから２枚を選んで、ならべかえて２桁の３の倍数をつくり、**全て**書き出しなさい。（１５点）

テスト５、［イ］［ロ］［ハ］［ニ］の４枚のカードをならべかえて、ちがう文字のならびをつくり、**樹形図で**全て書き出しなさい。**「イーローハーニ」の順で**、順序良く整理して書くこと。（２０点）

テスト６、［0］［1］［2］［3］［4］［5］［6］［7］［8］［9］の
１０枚のカードの中から２枚を選んで２桁の３の倍数をつくります。**全て書き出して答えなさい。樹形図でもかまいません。**（２０点）

解　答 P9-10

問題１

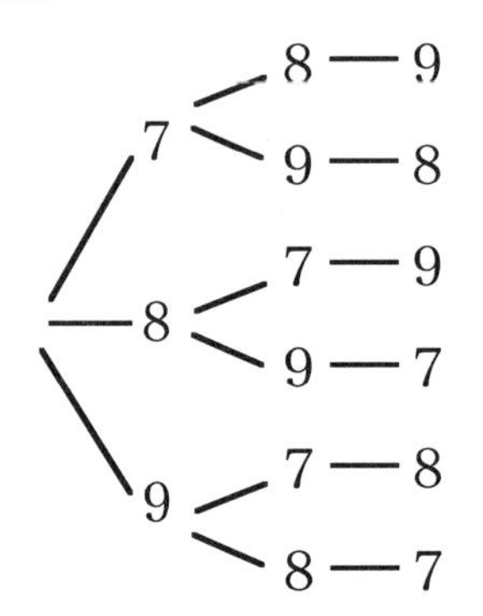

問題２

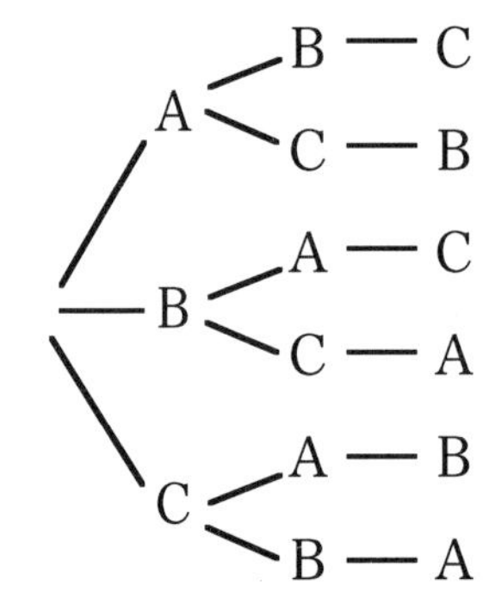

問題３

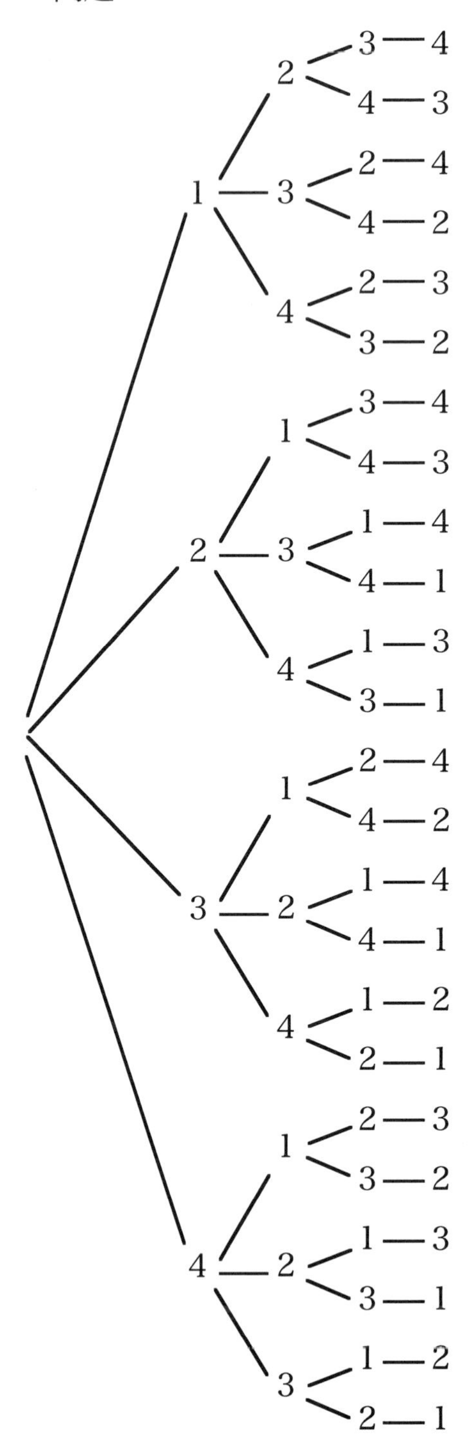

解答　P11-12

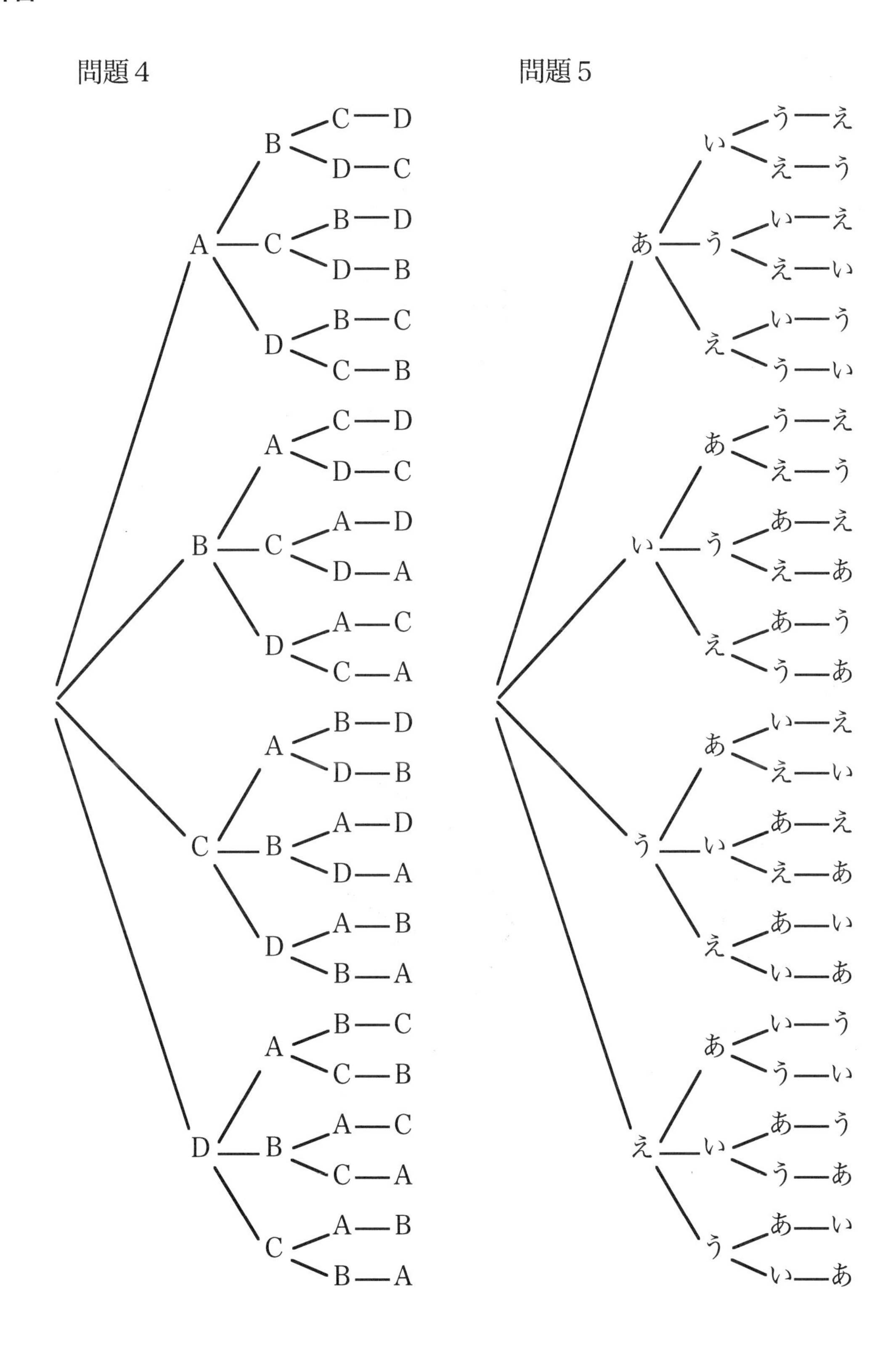

問題4
A B C D
A B D C
A C B D
A C D B
A D B C
A D C B
B A C D
B A D C
B C A D
B C D A
B D A C
B D C A
C A B D
C A D B
C B A D
C B D A
C D A B
C D B A
D A B C
D A C B
D B A C
D B C A
D C A B
D C B A
問題5
あ い う え
あ い え う
あ う い え
あ う え い
あ え い う
あ え う い
い あ う え
い あ え う
い う あ え
い う え あ
い え あ う
い え う あ
う あ い え
う あ え い
う い あ え
う い え あ
う え あ い
う え い あ
え あ い う
え あ う い
え い あ う
え い う あ
え う あ い
え う い あ

解答　P17

問題６

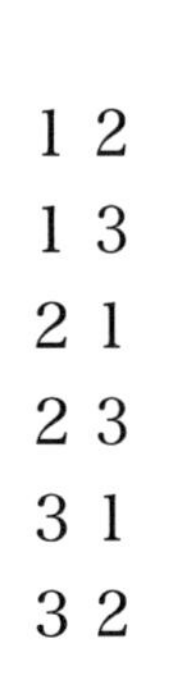
１２
１３
２１
２３
３１
３２

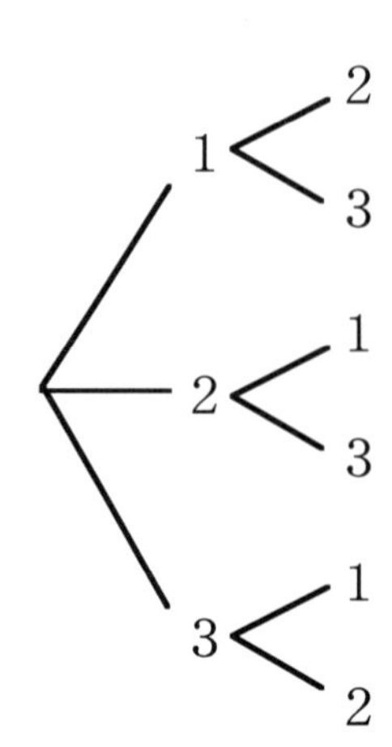

問題７

ＡＢ
ＡＣ
ＢＡ
ＢＣ
ＣＡ
ＣＢ

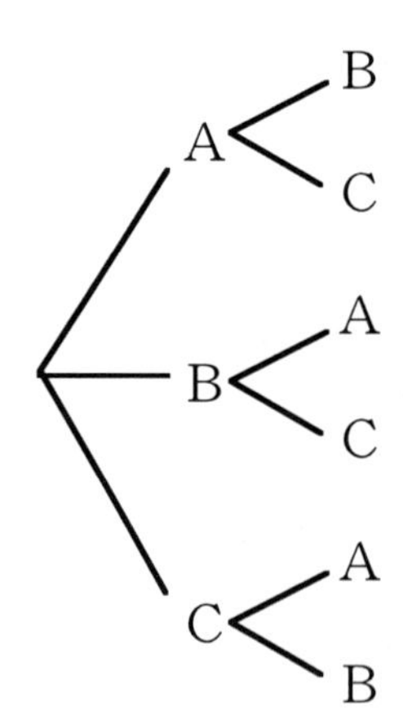

解答　P18

問題８

１２
１３
１４
１５
２１
２３
２４
２５
３１
３２
３４
３５
４１
４２
４３
４５
５１
５２
５３
５４

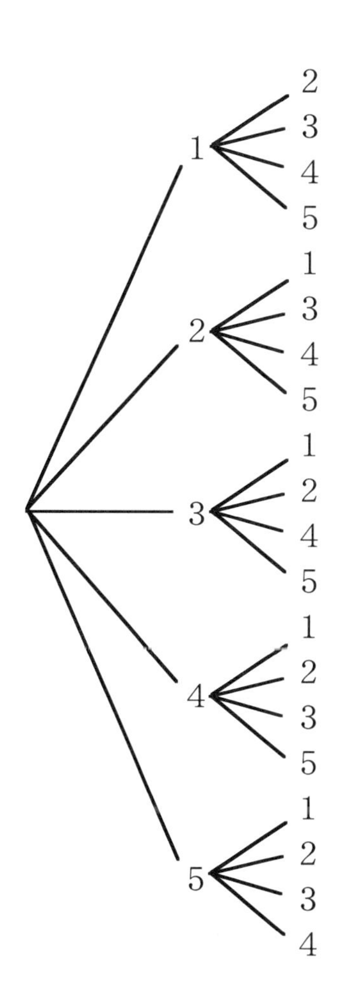

解答　P19-20

問題９

- A
  - B
    - C
    - D
  - C
    - B
    - D
  - D
    - B
    - C
- B
  - A
    - C
    - D
  - C
    - A
    - D
  - D
    - A
    - C
- C
  - A
    - B
    - D
  - B
    - A
    - D
  - D
    - A
    - B
- D
  - A
    - B
    - C
  - B
    - A
    - C
  - C
    - A
    - B

問題１０

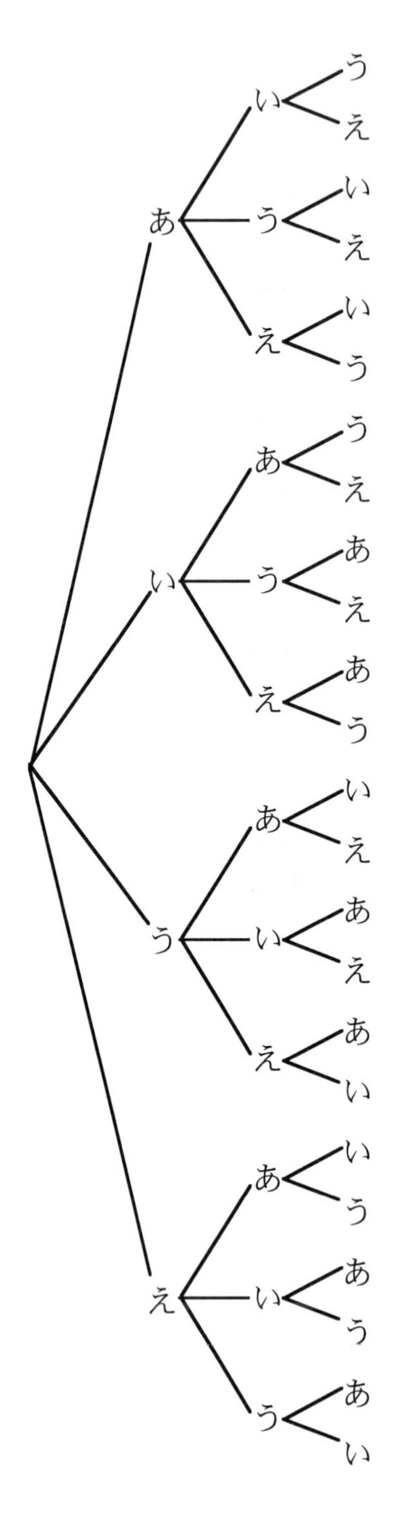

解答　P31

問題１１

偶数は［２］のカードだけなので、一の位が［２］になるならびだけ考えればよい。

千の位　百の位　十の位　一の位

9 — 7 ＞ 5
7 — 9 ＞ 5
9 — 5 ＞ 7
5 — 9 ＞ 7
7 — 5 ＞ 9
5 — 7 ＞ 9
5, 7, 9 — 2

答

９７５２
７９５２
９５７２
５９７２
７５９２
５７９２

問題１２

一の位が［４］か［６］の場合、偶数になる。

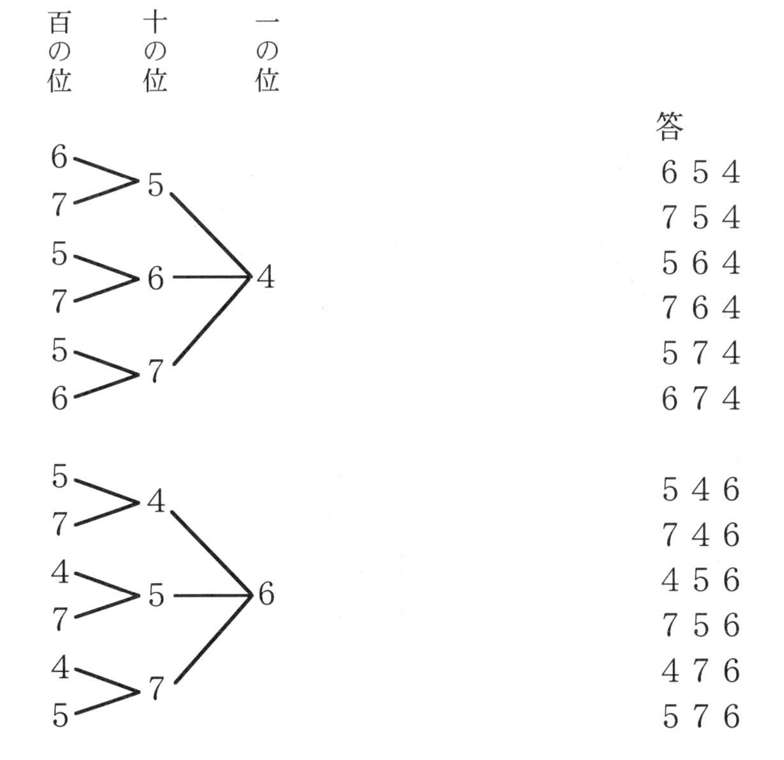

６５４
７５４
５６４
７６４
５７４
６７４

５４６
７４６
４５６
７５６
４７６
５７６

解答　P32

問題１３

一の位が［０］［５］の場合、５の倍数になる。樹形図を書くと下図のようになる。

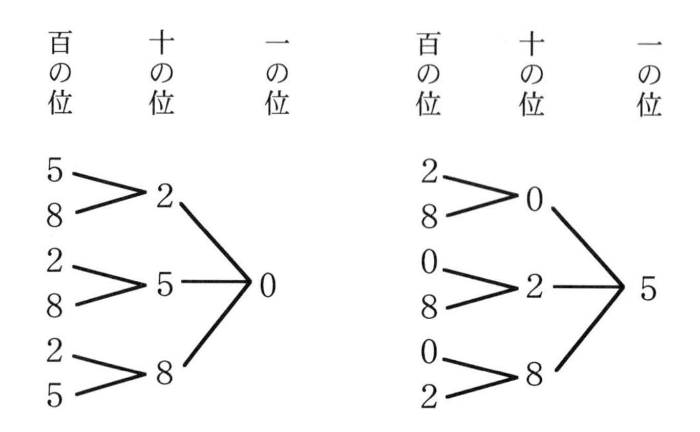

しかし、３桁の数で、百の位が「０」になることはない。
だから、百の位が「０」のものは、考えない。

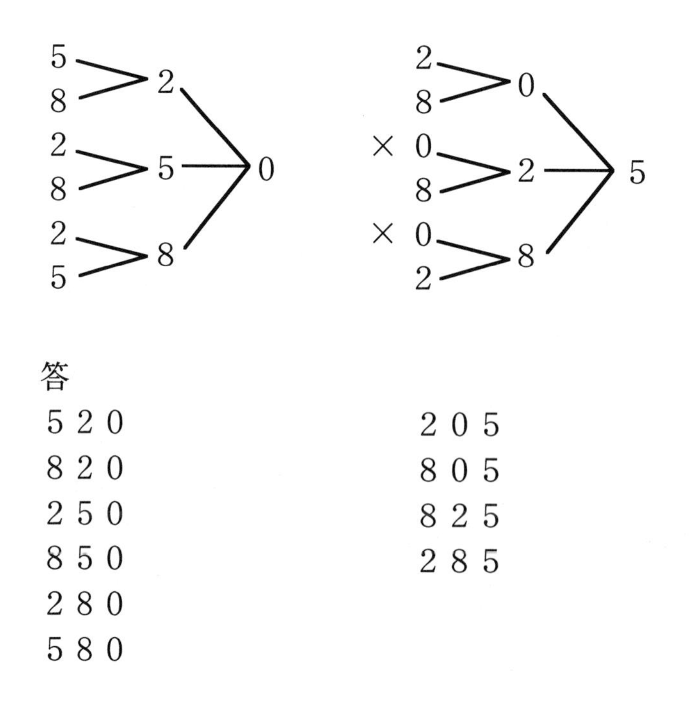

答

５２０　　２０５
８２０　　８０５
２５０　　８２５
８５０　　２８５
２８０
５８０

M. access（エム・アクセス）編集　認知工学発行の既刊本

★は最も適した時期
●はお勧めできる時期

サイパー® 思考力算数練習帳シリーズ	対象学年	小1	小2	小3	小4	小5	小6	受験
シリーズ１　文章題 たし算・ひき算	たし算・ひき算の文章題を絵や図を使って練習します。 ISBN978-4-901705-00-4 本体 500 円 (税別)	★	●	●				
シリーズ２　文章題 比較・順序・線分図　新装版	数量の変化や比較の複雑な場合までを練習します。 ISBN978-4-86712-102-3 本体 600 円 (税別)		★	●	●			
シリーズ３　文章題 和差算・分配算　新装版	線分図の意味を理解し、自分で描く練習します。 ISBN978-4-86712-103-0 本体本体 600 円 (税別)			★	●	●	●	●
シリーズ４　文章題 たし算・ひき算　２　新装版	シリーズ１の続編、たし算・ひき算の文章題。 ISBN978-4-86712-104-7 本体 600 円 (税別)	★	●	●				
シリーズ５ 量　倍と単位あたり　新装版	倍と単位当たりの考え方を直感的に理解できます。 ISBN978-4-86712-105-4 本体 600 円 (税別)				★	●	●	
シリーズ６　文章題 どっかい算１　新装版	問題文を正確に読解することを練習します。整数範囲。 ISBN978-4-86712-106-1 本体 600 円 (税別)			●	★	●	●	
シリーズ７　パズル ＋－×÷パズル１　新装版	＋－×÷のみを使ったパズルで、思考力がつきます。 ISBN978-4-86712-107-8 本体 600 円 (税別)			●	★	●	●	
シリーズ８　文章題 速さと旅人算　新装版	速さの意味を理解します。旅人算の基礎まで。 ISBN978-4-86712-108-5 本体 600 円 (税別)			●	★	●	●	
シリーズ９　パズル ＋－×÷パズル２	＋－×÷のみを使ったパズル。シリーズ７の続編。 ISBN978-4-901705-08-0 本体 500 円 (税別)			●	★	●	●	
シリーズ１０ 倍から割合へ 売買算　新装版	倍と割合が同じ意味であることで理解を深めます。 ISBN978-4-86712-110-8 本体 600 円 (税別)				●	★	●	●
シリーズ１１　文章題 つるかめ算・差集め算の考え方　新装版	差の変化に着目して意味を理解します。整数範囲。 ISBN978-4-86712-111-5 本体 600 円 (税別)				●	★	●	●
シリーズ１２　文章題 周期算　新装版	わり算の意味と周期の関係を深く理解します。整数範囲。 ISBN978-4-86712-112-2 本体 600 円 (税別)			●	★	●	●	●
シリーズ１３　図形 点描写　１　新装版　立方体など	点描写を通じて立体感覚・集中力・短期記憶を訓練。 ISBN978-4-86712-113-9 本体 600 円 (税別)	★	★	★	●	●	●	●
シリーズ１４　パズル 素因数パズル　新装版	素因数分解をパズルを楽しみながら理解します。 ISBN978-4-86712-114-6 本体 600 円 (税別)			●	★	●	●	
シリーズ１５　文章題 方陣算　１	中空方陣・中実方陣の意味から基礎問題まで。整数範囲。 ISBN978-4-901705-14-1 本体 500 円 (税別)			●	★	●	●	●
シリーズ１６　文章題 方陣算　２	過不足を考える。２列３列の中空方陣。整数範囲。 ISBN978-4-901705-15-8 本体 500 円 (税別)			●	★	●	●	●
シリーズ１７　図形 点描写　２　（線対称）	点描写を通じて線対称・集中力・図形センスを訓練。 ISBN978-4-901705-16-5 本体 500 円 (税別)	★	★	★	●	●	●	●
シリーズ１８　図形 点描写　３　新装版　点対称	点描写を通じて点対称・集中力・図形センスを訓練。 ISBN978-4-86712-118-4 本体 600 円 (税別)	●	★	★	●	●	●	●
シリーズ１９　パズル 四角わけパズル　初級	面積と約数の感覚を鍛えるパズル。九九の範囲で解ける。 ISBN978-4-901705-18-9 本体 500 円 (税別)		★	●	●	●	●	
シリーズ２０　パズル 四角わけパズル　中級	２桁×１桁の掛け算で解ける。８×８～１６×１６のマスまで。 ISBN978-4-901705-19-6 本体 500 円 (税別)		★	●	●	●	●	
シリーズ２１　パズル 四角わけパズル　上級	１０×１０～１６×１６のマスまでのサイズです。 ISBN978-4-901705-20-2 本体 500 円 (税別)		●	★	●	●	●	
シリーズ２２　作業 暗号パズル	暗号のルールを正確に実行することで作業性を高めます。 ISBN978-4-901705-21-9 本体 500 円 (税別)					★	●	●
シリーズ２３　場合の数１ 書き上げて解く　順列　新装版	場合の数の順列を順序よく書き上げて作業性を高めます。 ISBN978-4-86712-123-8 本体 600 円 (税別)				●	★	★	●
シリーズ２４　場合の数２ 書き上げて解く 組み合わせ　新装版	場合の数の組み合わせを書き上げて作業性を高めます。 ISBN978-4-86712-124-5 本体 600 円 (税別)				●	★	★	●
シリーズ２５　パズル ビルディングパズル　初級	階数の異なるビルを当てはめる。立体感覚と思考力を育成。 ISBN978-4-901705-24-0 本体 500 円 (税別)	●	★	★	★	●	●	●
シリーズ２６　パズル ビルディングパズル　中級	ビルの入るマスは５行５列。立体感覚と思考力を育成。 ISBN978-4-901705-25-7 本体 500 円 (税別)			●	★	★	★	●
シリーズ２７　パズル ビルディングパズル　上級	ビルの入るマスは６行６列。大人でも十分楽しめます。 ISBN978-4-901705-26-4 本体 500 円 (税別)					●	●	★
シリーズ２８　文章題 植木算　新装版	植木算の考え方を基礎から学びます。整数範囲。 ISBN978-4-86712-128-3 本体 600 円 (税別)				★	●	●	●
シリーズ２９　文章題 等差数列　上　新装版	等差数列を基礎から理解できます。３桁÷２桁の計算あり。 ISBN978-4-86712-129-0 本体 600 円 (税別)				●	★	●	●
シリーズ３０　文章題 等差数列　下	整数の性質・規則性の理解もできます。３桁÷２桁の計算 ISBN978-4-901705-29-5 本体 500 円 (税別)				●	★	●	●
シリーズ３１　文章題 まんじゅう算	まんじゅう１個の重さを求める感覚。小学生のための方程式。 ISBN978-4-901705-30-1 本体 500 円 (税別)				●	★	★	●
シリーズ３２　単位 単位の換算　上	長さ等の単位の換算を基礎から徹底的に学習します。 ISBN978-4-901705-31-8 本体 500 円 (税別)				★	●	●	●

M. access（エム・アクセス）編集　認知工学発行の既刊本

★は最も適した時期
●はお勧めできる時期

サイパー® 思考力算数練習帳シリーズ	対象学年	小1	小2	小3	小4	小5	小6	受験
シリーズ３３　単位 単位の換算　中	時間等の単位の換算を基礎から徹底的に学習します。 ISBN978-4-901705-32-5 本体 500 円 (税別)				●	★	●	●
シリーズ３４　単位 単位の換算　下	速さ等の単位の換算を基礎から徹底的に学習します。 ISBN978-4-901705-33-2 本体 500 円 (税別)				●	★	●	●
シリーズ３５　数の性質 1 倍数・公倍数	倍数の意味から公倍数の応用問題までを徹底的に学習。 ISBN978-4-901705-34-9 本体 500 円 (税別)					★	●	●
シリーズ３６　数の性質 2 約数・公約数　新装版	約数の意味から公約数の応用問題までを徹底的に学習。 ISBN978-4-86712-136-8 本体 600 円 (税別)					★	●	●
シリーズ３７　文章題 消去算	消去算の基礎から応用までを整数範囲で学習します。 ISBN978-4-901705-36-3 本体 500 円 (税別)					★	●	●
シリーズ３８　図形 角度の基礎　新装版	角度の測り方から、三角定規・平行・時計などを練習。 ISBN978-4-86712-138-2 本体 600 円 (税別)				★	●	●	●
シリーズ３９　図形 面積　上　新装版	面積の意味・正方形・長方形・平行四辺形・三角形 ISBN978-4-86712-139-9 本体 600 円 (税別)				●	★	●	●
シリーズ４０　図形 面積　下　新装版	台形・ひし形・たこ形。面積から長さを求める。 ISBN978-4-86712-140-5 本体 600 円 (税別)				●	★	●	●
シリーズ４１　数量関係 比の基礎　新装版	比の意味から、比例式・比例配分・連比等の練習 ISBN978-4-86712-141-2 本体 600 円 (税別)					●	★	●
シリーズ４２　図形 面積　応用編 1	等積変形や底辺の比と面積比の関係などを学習します。 ISBN978-4-901705-96-7 本体 500 円 (税別)					●	★	●
シリーズ４３　計算 逆算の特訓　上　新装版	１から３ステップの逆算を整数範囲で学習します。 ISBN978-4-86712-143-6 本体 600 円 (税別)			●	★	●	●	●
シリーズ４４　計算 逆算の特訓　下　新装版	あまりのあるわり算の逆算、分数範囲の逆算等を学習。 ISBN978-4-86712-144-3 本体 600 円 (税別)					●	★	●
シリーズ４５ どっかいざん 2　新装版	問題の書きかたの難しい文章題。たしざんひきざん範囲。 ISBN978-4-86712-145-0 本体 600 円 (税別)	●	★	●	●			
シリーズ４６　図形 体積　上　新装版	体積の意味・立方体・直方体・○柱・○錐の体積の求め方まで。 ISBN978-86712-146-7 本体 600 円 (税別)				●	★	●	●
シリーズ４７　図形 体積　下　容積	容積、不規則な形のものの体積、容器に入る水の体積 ISBN978-4-86712-047-7 本体 500 円 (税別)				●	★	●	●
シリーズ４８　文章題 通過算	鉄橋の通過、列車同士のすれちがい、追い越しなどの問題。 ISBN978-4-86712-048-4 本体 500 円 (税別)					●	★	●
シリーズ４９　文章題 流水算	川を上る船、下る船、船の行き交いに関する問題。 ISBN978-4-86712-049-1 本体 500 円 (税別)					●	★	●
シリーズ５０　数の性質 3 倍数・約数の応用 1　新装版	倍数・約数とあまりとの関係に関する問題・応用 1 ISBN978-4-86712-150-4 本体 600 円 (税別)					●	★	●
シリーズ５１　数の性質 4 倍数・約数の応用 2　新装版	公倍数・公約数とあまりとの関係に関する問題・応用 2 ISBN978-4-86712-151-1 本体 600 円 (税別)					●	★	●
シリーズ５２　文章題 面積図 1	面積図の考え方・平均算・つるかめ算 ISBN978-4-86712-052-1 本体 500 円 (税別)					●	★	●
シリーズ５３　文章題 面積図 2	差集め算・過不足算・濃度・個数が逆 ISBN978-4-86712-053-8 本体 500 円 (税別)					●	★	●
シリーズ５４　文章題 ひょうでとくもんだい	つるかめ算・差集め算・過不足算を表を使って解く ISBN978-4-86712-154-2 本体 600 円 (税別)	●	★	●	●			
シリーズ５５　文章題 等しく分ける	数の大小関係、倍の関係、均等に分ける、数直線の基礎 ISBN978-4-86712-155-9 本体 600 円 (税別)	●	●	★	●			

サイパー® 国語読解の特訓シリーズ	対象学年	小1	小2	小3	小4	小5	小6	受験
シリーズ一 文の組み立て特訓　新装版	修飾・被修飾の関係をくり返し練習します。 ISBN978-4-86712-201-3 本体 600 円 (税別)				●	★	●	●
シリーズ三 指示語の特訓　上　新装版	指示語がしめす内容を正確にとらえる練習をします。 ISBN978-4-86712-203-7 本体 600 円 (税別)				●	★	●	●
シリーズ四 指示語の特訓　下　新装版	指示語上の応用編です。長文での練習をします。 ISBN978-4-86712-204-4 本体 600 円 (税別)					●	★	●
シリーズ五　こくごどっかいの とっくん　小１レベル　新装版	ひらがなとカタカナ・文節にわける・文のかきかえなど ISBN978-4-86712-205-1 本体 600 円 (税別)	★	●					
シリーズ六 こくごどっかいのとっくん・小2レベル・	文の並べかえ・かきかえ・こそあど言葉・助詞の使い方 ISBN978-4-901705-55-4 本体 500 円 (税別)		★	●				
シリーズ七 語彙（ごい）の特訓　甲	文字を並べかえるパズルをして語彙を増やします。 ISBN978-4-901705-56-1 本体 500 円 (税別)			★	●	●		
シリーズ八 語彙（ごい）の特訓　乙	甲より難しい内容の形容詞・形容動詞を扱います。 ISBN978-4-901705-57-8 本体 500 円 (税別)				★	●	●	

サイパー® 国語読解の特訓シリーズ		対象学年	小1	小2	小3	小4	小5	小6	受験
シリーズ 九 読書の特訓　甲	芥川龍之介の「鼻」。助詞・接続語の練習。 ISBN978-4-901705-58-5 本体 500 円 (税別)					●	★	●	●
シリーズ 十 読書の特訓　乙	有島武郎の「一房の葡萄」。助詞・接続語の練習。 ISBN978-4-901705-59-2 本体 500 円 (税別)					●	★	●	●
シリーズ 十一 作文の特訓　甲	間違った文・分かりにくい文を訂正して作文を学びます。 ISBN978-4-901705-60-8 本体 500 円 (税別)					●	★	●	●
シリーズ 十二 作文の特訓　乙	敬語や副詞の呼応など言葉のきまりを学習します。 ISBN978-4-901705-61-5 本体 500 円 (税別)						●	★	●
シリーズ 十三 読書の特訓　丙	宮沢賢治の「オツベルと象」。助詞・接続語の練習。 ISBN978-4-901705-62-2 本体 500 円 (税別)					●	★	●	●
シリーズ 十四 読書の特訓　丁	森鴎外の「高瀬舟」。助詞・接続語の練習。 ISBN978-4-901705-63-9 本体 500 円 (税別)						●	★	●
シリーズ 十五 文の書きかえ特訓　新装版	体言止め・～こと・受身・自動詞 / 他動詞の書きかえ。 ISBN978-4-86712-215-0 本体 600 円 (税別)				●	★	●	●	
シリーズ 十六 新・文の並べかえ特訓　上	文節を並べかえて正しい文を作る。２～４文節、初級編 ISBN978-4-901705-65-3 本体 500 円 (税別)		●	★	●				
シリーズ 十七 新・文の並べかえ特訓　中	文節を並べかえて正しい文を作る。４文節、中級編 ISBN978-4-901705-66-0 本体 500 円 (税別)				●	★	●		
シリーズ 十八 新・文の並べかえ特訓　下	文節を並べかえて正しい文を作る。４文節以上、一般向き ISBN978-4-901705-67-7 本体 500 円 (税別)						●	★	●
シリーズ 十九 論理の特訓　甲	論理的思考の基礎を言葉を使って学習。入門編 ISBN978-4-901705-68-4 本体 500 円 (税別)				●	★	●	●	●
シリーズ 二十 論理の特訓　乙	論理的思考の基礎を言葉を使って学習。応用編 ISBN978-4-901705-69-1 本体 500 円 (税別)					●	★	●	●
シリーズ 二十一 かんじパズル　甲	パズルでたのしくかんじをおぼえよう。1,2 年配当漢字 ISBN978-4-901705-85-1 本体 500 円 (税別)		●	★	●	●	●	●	●
シリーズ 二十二 漢字パズル　乙	パズルで楽しく漢字を覚えよう。3,4 年配当漢字 ISBN978-4-901705-86-8 本体 500 円 (税別)				●	★	●	●	●
シリーズ 二十三 漢字パズル　丙	パズルで楽しく漢字を覚えよう。5,6 年配当漢字 ISBN978-4-901705-87-5 本体 500 円 (税別)						●	★	●
シリーズ 二十四 敬語の特訓　新装版	正しい敬語の使い方。教養としての敬語。 ISBN978-4-86712-224-2 本体 600 円 (税別)				●	★	●	●	●
シリーズ 二十六 つづりかえの特訓　乙	単語のつづり・多様な知識を身につけよう。 ISBN978-4-901705-77-6 本体 500 円 (税別)　（同「甲」は絶版）						●	★	●
シリーズ 二十七 要約の特訓　上　新装版	楽しく文章を書きます。読解と要約の特訓。 ISBN978-4-86712-227-3 本体 600 円 (税別)				●	★	●	●	●
シリーズ 二十八 要約の特訓　中　新装版	楽しく文章を書きます。読解と要約の特訓。上の続き。 ISBN978-4-86712-228-0 本体 600 円 (税別)					●	★	●	●
シリーズ 二十九　文の組み立て特訓 主語・述語専科　新装版	主語・述語の関係の特訓、文の構造を理解する。 ISBN978-4-86712-229-7 本体 600 円 (税別)					●	★	●	●
シリーズ 三十　文の組み立て特訓 修飾・被修飾専科　新装版	修飾・被修飾の関係の特訓、文の構造を理解する。 ISBN978-4-86712-230-3 本体 600 円 (税別)					●	★	●	●
シリーズ 三十一 文法の特訓　名詞編	名詞とは何か。名詞の分類を学習します。 ISBN978-4-901705-45-5 本体 500 円 (税別)					●	★	●	●
シリーズ 三十二 文法の特訓　動詞編　上　新装版	五段活用、上一段活用、下一段活用を学習します。 ISBN978-4-86712-232-7 本体 600 円 (税別)					●	●	★	●
シリーズ 三十三 文法の特訓　動詞編　下	カ行変格活用、サ行変格活用と動詞の応用を学習します。 ISBN978-4-901705-47-9 本体 500 円 (税別)					●	●	★	●
シリーズ 三十四 文法の特訓　形容詞・形容動詞編	形容詞と形容動詞の役割と意味　活用・難しい判別　総合 ISBN978-4-901705-48-6 本体 500 円 (税別)					●	●	★	●
シリーズ 三十五 文法の特訓　副詞・連体詞編	副詞・連体詞の役割と意味　呼応　犠牲・擬態語　総合 ISBN978-4-901705-49-3 本体 500 円 (税別)					●	●	★	●
シリーズ 三十六 文法の特訓　助動詞・助詞編	助動詞・助詞の役割と意味　助動詞の活用　総合 ISBN978-4-901705-71-4 本体 500 円 (税別)					●	●	★	●
シリーズ 三十七 要約の特訓　下　実践編　新装版	楽しく文章を書きます。シリーズ 27,28 の続きで完結編 ISBN978-4-86712-237-2 本体 600 円 (税別)						●	★	●
シリーズ 三十八 十回音読と音読書写　甲	これだけで国語力ＵＰ。音読と書写の毎日訓練。「ロシアのおとぎ話」ISBN978-4-901705-73-8 本体 500 円 (税別)				●	★	●	●	
シリーズ 三十九 十回音読と音読書写　乙	これだけで国語力ＵＰ。音読と書写の毎日訓練。「ごんぎつね」 ISBN978-4-901705-74-5 本体 500 円 (税別)				●	★	●	●	
シリーズ 四十 一回黙読と（かっこ）要約　甲	（　）を埋めて要約することで、文の精読の訓練ができます ISBN978-4-901705-84-4 本体 500 円 (税別)					●	★	●	●
シリーズ 四十一 一回黙読と（かっこ）要約　乙	（　）を埋めて要約することで、文の精読の訓練ができます ISBN978-4-901705-91-2 本体 500 円 (税別)					●	★	●	●

※「新装版」について。問題・解答など、本文内容は旧版と同じものです。

サイパー®シリーズ：日本を知る社会・仕組みが分かる理科		対象年齢
社会シリーズ１ 日本史人名一問一答　新装版	難関中学受験向けの問題集。５０６問のすべてに選択肢つき。 ISBN978-4-86712-031-6 本体 600 円 (税別)	小６以上 中学生も可
理科シリーズ１ 電気の特訓　新装版	水路のイメージから電気回路の仕組みを理解します。 ISBN978-4-86712-001-9 本体 600 円 (税別)	小６以上 中学生も可
理科シリーズ２ てこの基礎　上　新装版	支点・力点・作用点から　重さのあるてこのつり合いまで。 ISBN978-4-86712-002-6 本体 600 円 (税別)	小６以上 中学生も可
理科シリーズ３ てこの基礎　下	上下の力のつり合い、４つ以上の力のつりあい、比で解くなど。 ISBN978-4-901705-82-0 本体 500 円 (税別)	小６以上 中学生も可
学習能力育成シリーズ		対象年齢
新・中学受験は自宅でできる -学習塾とうまくつきあう法-	塾の長所短所、教え込むことの弊害、学習能力の伸ばし方 ISBN978-4-901705-92-9 本体 800 円 (税別)	保護者
中学受験は自宅でできるⅡ お母さんが高める子どもの能力	栄養・睡眠・遊び・しつけと学習能力の関係を説明 ISBN978-4-901705-98-1 本体 500 円 (税別)	保護者
中学受験は自宅でできるⅢ マインドフルネス学習法®	マインドフルネスの成り立ちから学習への応用をわかりやすく説明 ISBN978-4-901705-99-8 本体 500 円 (税別)	保護者
認知工学の新書シリーズ		対象年齢
講師の ひとり思う事　独断	「進学塾不要論」の著者・水島酔の日々のエッセイ集 ISBN978-4-901705-94-3 本体 1000 円 (税別)	一般成人

書籍等の内容に関するお問い合わせは　㈱認知工学　まで
直接のご注文で 5,000 円 (税別) 未満の場合は、送料等 800 円がかかります。

TEL : 075-256-7723 (平日 10 時～ 16 時)　FAX : 075-256-7724　email : ninchi@sch.jp
〒 604-8155 京都市中京区錦小路通烏丸西入る占出山町３０８ ヤマチュウビル５Ｆ

M.access（エム・アクセス）の通信指導と教室指導

M.access（エム・アクセス）は、㈱認知工学の教育部門です。ご興味のある方はご請求下さい。お名前、ご住所、電話番号等のご連絡先を明記の上、ＦＡＸまたは e-mail にて、資料請求をしてください。e-mail の件名に「資料請求」と表示してください。教室は京都市本社所在地（上記）のみです。

FAX 075-256-7724　　TEL 075-256-7739（平日 10 時～ 16 時）
e-mail : maccess@sch.jp　HP : http://maccess.sch.jp

直販限定書籍、CD　以下の商品は学参書店のみでの販売です。一般書店ではご注文になれません。
CD についてはデータ配信もしております。アマゾン・iTuneStore でお求めください。

直販限定商品	内　容	本体 / 税別
超・植木算１ 難関中学向け	植木算の超難問に、細かいステップを踏んだ説明と解説をつけました。小学高学年向き。問題・解説合わせて７４頁です。自学自習教材です。	２２２０円
超・植木算２ 難関中学向け	植木算の超難問に、細かいステップを踏んだ説明と解説をつけました。小学高学年向き。問題・解説合わせて 117 頁です。自学自習教材です。	３５１０円
読解算α 中高生向け	好評「どっかい算」「どっかい算２」の続編。漢字、言葉の使い方などを中高生以上に想定。既刊「どっかい算」との共通問題が７０題、新たに作成したハイレベルの問題が２０題。	７００円
日本史人物１８０撰 音楽ＣＤ	歴史上の 180 人の人物名を覚えます。その関連事項を聞いたあとに人物名を答える形式で歌っています。ラップ調です。　約５２分	１５００円
日本地理「川と平野」 音楽ＣＤ	全国の主な川と平野を聞きなれたメロディーに乗せて歌っています。カラオケで答の部分が言えるかどうかでチェックできます。　約４５分	１５００円
九九セット 音楽ＣＤ	たし算とひき算をかけ算九九と同じように歌で覚えます。基礎計算を速くするための方法です。かけ算九九の歌も入っています。カラオケ付き。約３０分	１５００円
約数特訓の歌 音楽ＣＤ　データ配信のみ	１～１００までと３６０の約数を全て歌で覚えます。6は１かけ6、２かけ３と歌っています。ラップ調の歌です。カラオケ付き。　約３５分	配信先参照
約数特訓練習帳 プリント教材　新装版	１～１００までの約数をすべて書けるように練習します。「約数特訓の歌」と同じ考え方です。Ａ４カラーで６８ページ、解答４ページ。	８００円

学参書店（http://gakusanshoten.jpn.org/) のみ限定販売　３０００円 (税別) 未満は送料 800 円
認知工学（http://ninchi.sch.jp) にてサンプルの試読、ＣＤの試聴ができます。

2025. 4.25

解答　P32

問題１４

［２］［３］［４］［５］［６］のカードの中で、３の倍数になる
３枚の組み合わせは

［２］［３］［４］　　［２］［４］［６］
［３］［４］［５］　　［４］［５］［６］

の４通りです。これらのそれぞれのならびを考えればよい。

百の位	十の位	一の位
2	3	4
	4	3
3	2	4
	4	2
4	2	3
	3	2
2	4	6
	6	4
4	2	6
	6	2
6	2	4
	4	2

百の位	十の位	一の位
3	4	5
	5	4
4	3	5
	5	3
5	3	4
	4	3
4	5	6
	6	5
5	4	6
	6	4
6	4	5
	5	4

答

２３４	２４６	３４５	４５６
２４３	２６４	３５４	４６５
３２４	４２６	４３５	５４６
３４２	４６２	４５３	５６４
４２３	６２４	５３４	６４５
４３２	６４２	５４３	６５４

解答　P33

問題１５

「９」の倍数になる３枚の組み合わせは

［０］［１］［８］　　［０］［４］［５］
［１］［８］［９］　　［４］［５］［９］

の４通りです。これらのそれぞれのならびを考えればよい。
ただし、百の位が「０」になることはない。

百の位	十の位	一の位	
0	1	8	×
	8	1	×
1	0	8	
	8	0	
8	0	1	
	1	0	

百の位	十の位	一の位	
0	4	5	×
	5	4	×
4	0	5	
	5	0	
5	0	4	
	4	0	

百の位	十の位	一の位
1	8	9
	9	8
8	1	9
	9	1
9	1	8
	8	1

百の位	十の位	一の位
4	5	9
	9	5
5	4	9
	9	4
9	4	5
	5	4

答

１０８	４０５	１８９	４５９
１８０	４５０	１９８	４９５
８０１	５０４	８１９	５４９
８１０	５４０	８９１	５９４
		９１８	９４５
		９８１	９５４

解答　P34-35

テスト１

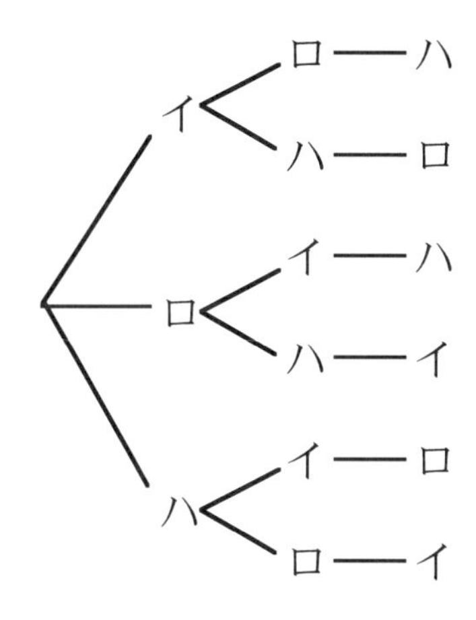

順序正しく書いてなければ×。

テスト２

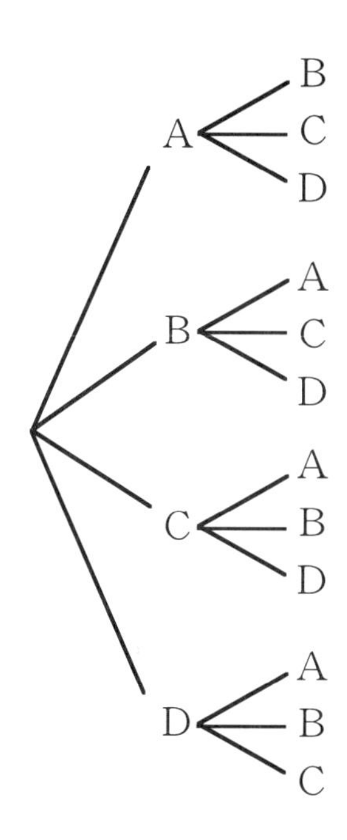

順序正しく書いてなければ×

テスト３

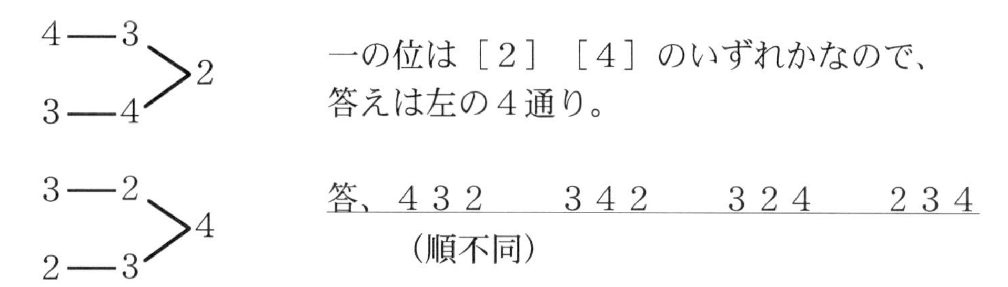

一の位は［２］［４］のいずれかなので、
答えは左の４通り。

答、４３２　　３４２　　３２４　　２３４
（順不同）

テスト４

３の倍数になるためには、各桁を足した数が３の倍数になるように
すればよい。各桁を足して３の倍数になる組み合わせは

「５７」「７８」　　の二つだけ。

答、「５７」「７５」「７８」「８７」　（順不同）

解答　P36-37

テスト５

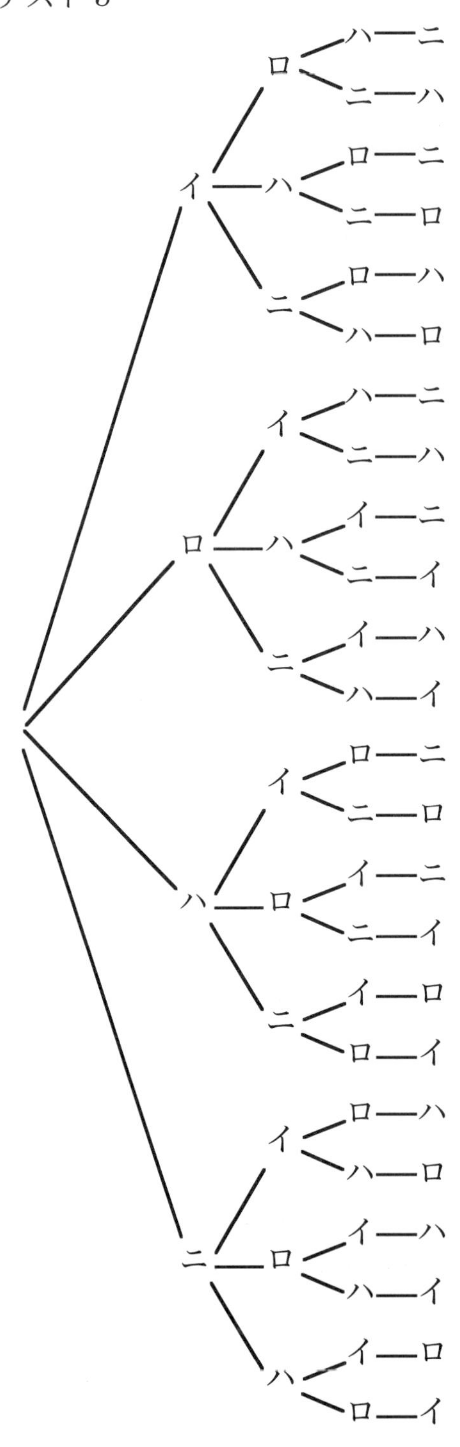

順序正しく書いてなければ×

テスト６

３の倍数になる２枚のカードの組は
［0］［3］、［0］［6］、
［0］［9］、［1］［2］、
［1］［5］、［1］［8］、
［2］［4］、［2］［7］、
［3］［6］、［3］［9］、
［4］［5］、［4］［8］、
［5］［7］、［6］［9］、
［7］［8］の１５組。

それぞれの組のカードをならべてできる数のならびを書き出せばよい。ただし、十の位が「０」になる場合は考えてはいけない。

答、「３０」「６０」「９０」
「１２」「２１」「１５」「５１」
「１８」「８１」「２４」「４２」
「２７」「７２」「３６」「６３」
「３９」「９３」「４５」「５４」
「４８」「８４」「５７」「７５」
「６９」「９６」「７８」「８７」
（順不同）

M.acceess　学びの理念

☆学びたいという気持ちが大切です
勉強を強制されていると感じているのではなく、心から学びたいと思っていることが、子どもを伸ばします。

☆意味を理解し納得する事が学びです
たとえば、公式を丸暗記して当てはめて解くのは正しい姿勢ではありません。意味を理解し納得するまで考えることが本当の学習です。

☆学びには生きた経験が必要です
家の手伝い、スポーツ、友人関係、近所付き合いや学校生活もしっかりできて、「学び」の姿勢は育ちます。
生きた経験を伴いながら、学びたいという心を持ち、意味を理解、納得する学習をすれば、負担を感じるほどの多くの問題をこなさずとも、子どもたちはそれぞれの目標を達成することができます。

発刊のことば

「生きてゆく」ということは、道のない道を歩いて行くようなものです。「答」のない問題を解くようなものです。今まで人はみんなそれぞれ道のない道を歩き、「答」のない問題を解いてきました。

子どもたちの未来にも、定まった「答」はありません。もちろん「解き方」や「公式」もありません。

私たちの後を継いで世界の明日を支えてゆく彼らにもっとも必要な、そして今、社会でもっとも求められている力は、この「解き方」も「公式」も「答」すらもない問題を解いてゆく力ではないでしょうか。

人間のはるかに及ばない、素晴らしい速さで計算を行うコンピューターでさえ、「解き方」のない問題を解く力はありません。特にこれからの人間に求められているのは、「解き方」も「公式」も「答」もない問題を解いてゆく力であると、私たちは確信しています。

M.access の教材が、これからの社会を支え、新しい世界を創造してゆく子どもたちの成長に、少しでも役立つことを願ってやみません。

思考力算数練習帳シリーズ２３
場合の数１　書き上げて解く「順列」　新装版　（内容は旧版と同じものです）

新装版　第１刷
編集者　M.access（エム・アクセス）
発行所　株式会社　認知工学
〒６０４−８１５５　京都市中京区錦小路通烏丸西入ル占出山町 308
電話　（０７５）２５６−７７２３　　email : ninchi@sch.jp
郵便振替　０１０８０−９−１９３６２　株式会社認知工学

ISBN978-4-86712-123-8　C-6341　A23120124F　M

定価＝ 本体６００円 ＋税

ISBN978-4-86712-123-8 C6341 ¥600E

9784867121238

定価：(本体６００円)＋消費税

1926341006008

M.access エム・アクセス 認知工学

表紙の解答

1 2 3

1 3 2

2 1 3

2 3 1

3 1 2

3 2 1

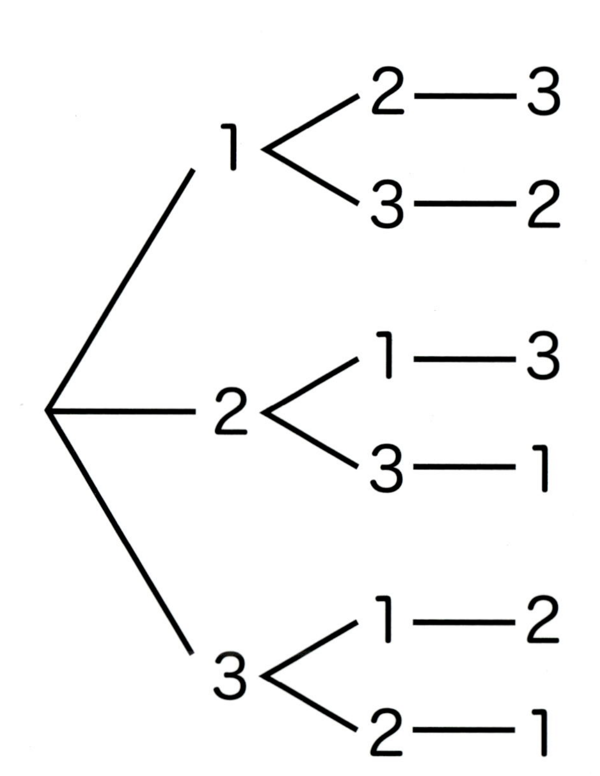

PSYPER サイパー 思考力算数練習帳シリーズ

シリーズ24

場合の数 2

書き上げて解く 組み合わせ 新装版

作業性の特訓

問題

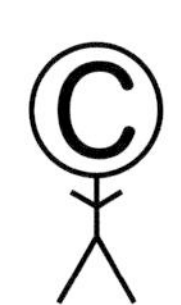

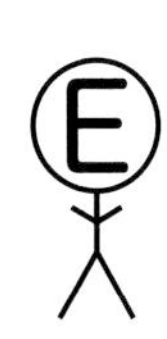

の５人の中から、２人の当番を決める組み合わせを、全て書き出しなさい。

新装版